本书属于

致我的家人和朋友。

谨将此书献给那些为原始森林、洁净的山脉和

未来安全的气候而奋斗的人们。

——杰斯·麦吉辛

衷心感谢林登·阿什克罗夫特博士、黑兹尔·理查兹博士、汤姆·费尔曼博士、凯伦·罗博士、卡罗琳·福斯特和爱丽丝·萨瑟兰-霍斯为本书投入宝贵的时间和专业的知识。

高度

俯瞰斑斓的地球

[澳]杰斯·麦吉辛/著绘　袁少杰/译

中国出版集团

中译出版社

著作权合同登记号：图字 01-2022-4847 号

本书插图系原书插图。

图书在版编目（CIP）数据

高度：俯瞰斑斓的地球 /（澳）杰斯·麦吉辛著、
绘；袁少杰译 . -- 北京：中译出版社，2023.10
书名原文：High
ISBN 978-7-5001-7380-9

I. ①高… II. ①杰… ②袁… III. ①地球－普及读
物 IV. ① P183-49

中国国家版本馆 CIP 数据核字（2023）第 055564 号

高度：俯瞰斑斓的地球
GAODU FUKAN BANLAN DE DIQIU

策划编辑：封裕　　　责任编辑：封裕　　　营销编辑：靳佳奇　王宇
封面设计：璞茜设计　　内文设计：书情文化

出版发行：中译出版社
地　　址：北京市西城区新街口外大街 28 号普天德胜大厦主楼 228
邮　　编：100088
电　　话：（010）68359827，68359303（发行部）；（010）62058346（编辑部）
电子邮箱：book@ctph.com.cn
网　　址：http://www.ctph.com.cn

印　　刷：北京中科印刷有限公司　　规　　格：710 毫米 × 1000 毫米　1/16
字　　数：50 千字　　　　　　　　印　　张：4
版　　次：2023 年 10 月第 1 版　　印　　次：2023 年 10 月第 1 次
审 图 号：GS 京（2023）0757 号

ISBN 978-7-5001-7380-9　　　　　　定　　价：78.00 元

目录

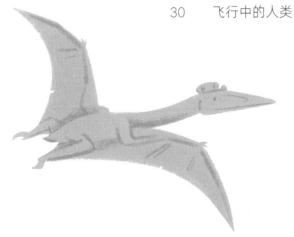

准备起飞啦

请系好安全带，

（想象一下）张开自己的翅膀，准备好在天际翱翔。

我们要前往地球上那些最高的地方，

从一棵棵高大的树木，到一幢幢高耸的摩天大楼，

再到一座座高度足以俯瞰众生的山峰。

这里是攀登者和飞行家的世界。

锋利的爪子和温暖的皮毛大有用处，再多一些羽毛会更有帮助。

记得带上氧气瓶——这里的空气十分稀薄。

你当然可以借助工具搭个便车，

你可以选择搭乘木制的滑翔机、飞天的热气球，

甚至是天上众神的金色战车。

随着你的脚逐渐远离地面，下面的地球看起来变得越来越小。

在高处，我们以别样的视角看待事物，

从那里看去，我们的家园精巧而脆弱。

准备好了吗？三、二、一……起飞！

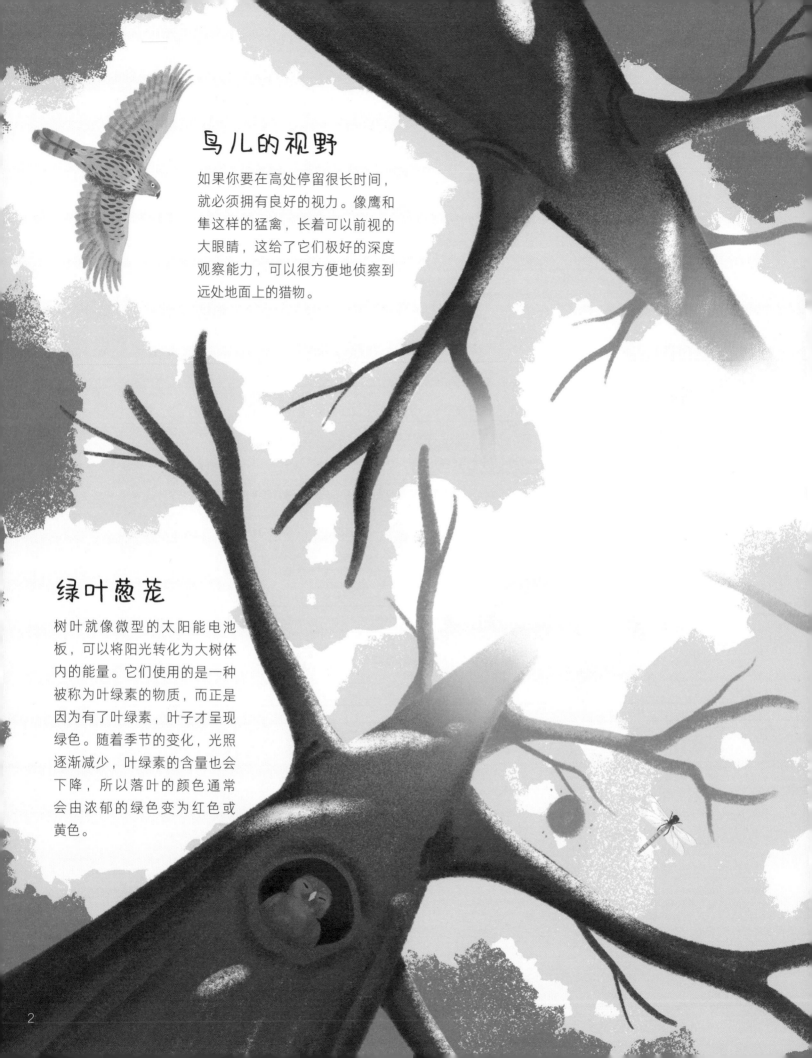

鸟儿的视野

如果你要在高处停留很长时间，就必须拥有良好的视力。像鹰和隼这样的猛禽，长着可以前视的大眼睛，这给了它们极好的深度观察能力，可以很方便地侦察到远处地面上的猎物。

绿叶葱茏

树叶就像微型的太阳能电池板，可以将阳光转化为大树体内的能量。它们使用的是一种被称为叶绿素的物质，而正是因为有了叶绿素，叶子才呈现绿色。随着季节的变化，光照逐渐减少，叶绿素的含量也会下降，所以落叶的颜色通常会由浓郁的绿色变为红色或黄色。

树也会说话

如果你肯花时间去聆听，森林会为你讲述许多故事。鸣禽用叽叽喳喳的鸟鸣来标示它们的领地。松鼠**窸窸窣窣**地寻找着食物，为冬日囤粮。就连树木也会互相窃窃私语，它们通过空气中的化学物质或隐秘的真菌网络来交流。

高处的生活

我们在一生中，会花大量的时间看着前方或脚下，却很少向上看。在这儿，在交织的树冠和浓密的绿荫之中，藏着一个全新的世界。在高处，俯冲和滑翔是常见的运动方式。如果你建造的家刚好合适，你甚至可能永远都不需要到下面来。

高空安全

在高处生活有许多优点。夏天的时候，高处凉爽并且有树荫可以遮阳；食物很充足，而且距离地面的捕食者很远。这里是筑巢的好地方，但是别忘了，在更高处也可能会有危险——说不定天敌就在你的头顶上方盘旋。

古老的巨人

树木并不会静止不动——它们一直在变动，一寸一寸向上生长以获得更多的光照，或者一点点向外伸展以找到更好的平衡。有些树木，比如巨杉，可以存活数千年之久。想象一下，它们一生中会看到什么，当我们离开后它们又会看到些什么。

黄柳桉树
可以长到90米高

这里有阳光

与大多数植物一样，树木利用阳光来制造生长所需的能量。但是如果你的邻居挡住了你的阳光呢？你就必须长得比它们更高。有了适宜的水分和养分，树木可以长到惊人的高度。

猴面包树
可以长到30米高

回归本源

吉贝树
可以长到60米高

许多高大树木的根部能向下扎得很深，但如果土壤太浅的话，它们可能就需要一些结构来支撑。这些巨大的地上根有助于稳定树木，就像自行车后面加的辅助轮一样。巨杉彼此长得很靠近，这样它们的根部就可以交织在一起，为它们提供一定的额外支撑。

吸水而长大

树木常通过根部和树干吸收水分。这个工作很辛苦，而且树长得越高，吸水就越难。但红杉有一个巧妙的技能——因为生活在潮湿多雾的气候中，它们能够直接通过叶子吸收水分，节省下来的能量就全都用来长个头儿啦。

海岸红杉
可以长到116米高

巨杉
可以长到85米高

凯莉树
可以长到80米高

王桉
可以长到100米高

有趣的年轮

树木有着长久的记忆。树木年代学家是专门研究树木生长时间的科学家。他们可以通过解读树干的年轮来了解上百年前发生的事情。较宽的年轮代表温暖潮湿的年份，而较窄的年轮则对应寒冷干燥的年份。

树上的居民

树栖动物是指生命中大部分时间都待在树上的动物。它们已经以各种方式适应了树上的生活，比如长出锋利的爪子、灵活的尾巴，甚至是有弹性的皮肤，所以它们基本都不用接触地面。

考拉

树袋鼠

缓慢而稳定

树叶本身作为食物的话，并不具有很高的营养价值。像考拉和树懒这类"沙拉爱好者"，需要进食大量的树叶，并以相当缓慢的节奏来生活以节省能量，当然这说的是它们醒着的时候，它们睡觉的时候消耗的能量极少。

移动的方式

生活中最重要的就是平衡。许多树栖动物的重心比较低，这是为了防止自己从狭窄的树枝上掉下来。尾巴也有助于动物保持平衡，或者也可以试试树蜗牛的那种黏液。

熊狸

变色龙

树蜗牛

绿树蟒

滑翔真有趣

森林的地面是一个危险的地方。某些哺乳动物、部分树蛙和飞蜥的身体上进化出了带有弹性的膜状结构，它们可以借助这种结构在树间滑翔。如果你觉得蛇非常恐怖，那就格外留意一下天堂金花蛇吧，它可以把自己的身体变得扁平然后弹射出去，借助微风在空中滑翔。

黑蹼树蛙

蜜袋鼯

天堂金花蛇

飞蜥

猫猴

卷尾豪猪

蜘蛛猴

树穿山甲

灵活的尾巴

如果你曾经想象过，自己要是多长一只胳膊该多么方便，那么也可以试试能缠绕的尾巴。对于一些树栖动物来说，它们的尾巴就像自己的另一只胳膊，可以让它们在树枝间来回摆动，携带东西，甚至还能用它来捕食。

窝巢与洞穴

所有的生物都想保护它们后代的安全，所以有一个能够躲避危险的家就十分必要了。那些能够得心应手地使用喙的家伙可以编织出舒适的巢穴，其他的则可能会找一个现成的洞穴——或者干脆直接"偷占"别人的地方。

蜂鸟的巢

知更鸟的巢

棕灶鸟的巢

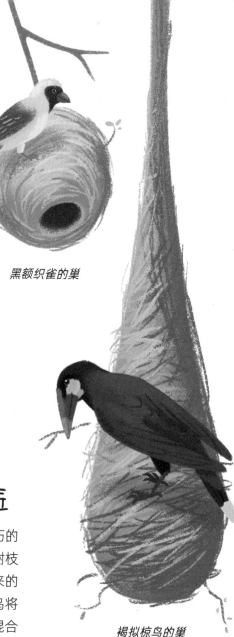

黑额织雀的巢

黄胸织雀的巢

褐拟椋鸟的巢

奇妙的编织匠

大自然中有一些熟练而灵巧的编织匠。织雀可以将草和树枝等编织在一起，蜂鸟用偷来的蜘蛛网织就小窝，而棕灶鸟将泥巴、黏土和一点儿粪便混合在一起建造出带圆顶的巢。

多几个房间？

群居织巢鸟喜欢住在"公寓"。一代又一代，这种非洲鸣鸟建造出了巨大的悬吊式巢穴，里面住得下几十户家庭。这种巢穴可以在沙漠地带白昼的酷热中保持凉爽，而晚上气温低时又可以保暖，因此它们甚至还会把巢穴"出租"给其他鸟类。

群居织巢鸟的巢

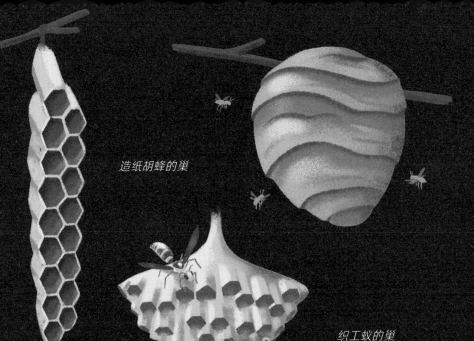

繁忙的活动

大自然中的建设者利用的是它们能找到的东西。织工蚁将树叶和幼虫的丝"缝合"在一起来筑巢。蜜蜂用的是自己的蜂蜡，或者借用人造蜂巢来建造它们的家（代价就是它们要交出一部分蜂蜜）。

造纸胡蜂的巢

织工蚁的巢

蜜蜂的巢

造纸工匠

大多数胡蜂（又名"黄蜂"）喜欢独自行动，但有些群居的胡蜂可以建造出令人印象深刻的纸巢。造纸胡蜂可以将植物纤维与自己的唾液混合，建造出伞状或者棒状结构的巢穴。

树洞中的家

形态各异的树洞是自然界的主要"房产"。许多鸟类、蝙蝠和昆虫等都会把树洞当成家，但外出时它们不能走得太远，否则它们的地盘就可能被偷占。

衰落的森林

从高处俯瞰地面，你会看到一幅黄绿相间的拼接画。除了颜色在变化，曾经茂密的雨林现在变成了平坦的农田。我们正在以前所未有的速度失去我们的森林，但现在重新"绘制"这幅画还为时不晚。

在森林里找到我

从郁郁葱葱的雨林到气候温和的密林，再到饱经霜雪的针叶林，地球上超过一半的陆地动物以森林为家。但这是一个受到威胁的家园——在过去的一百年里，人类已经砍伐了地球上三分之一左右的森林，而且现在仍没有放慢脚步。

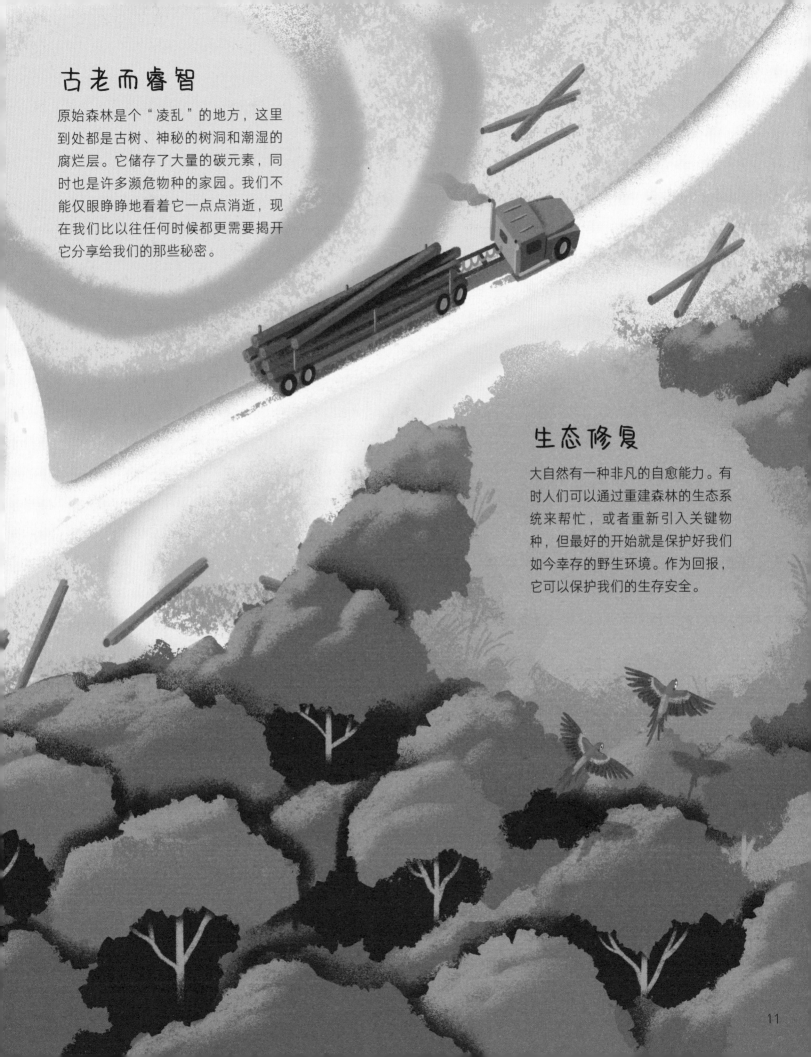

古老而睿智

原始森林是个"凌乱"的地方，这里到处都是古树、神秘的树洞和潮湿的腐烂层。它储存了大量的碳元素，同时也是许多濒危物种的家园。我们不能仅眼睁睁地看着它一点点消逝，现在我们比以往任何时候都更需要揭开它分享给我们的那些秘密。

生态修复

大自然有一种非凡的自愈能力。有时人们可以通过重建森林的生态系统来帮忙，或者重新引入关键物种，但最好的开始就是保护好我们如今幸存的野生环境。作为回报，它可以保护我们的生存安全。

生活在云端

世界上超过一半的人生活在城镇，比如大城市。那里是很繁华的地方，熙熙攘攘，人们总是有事情要做，有地方要去。一座摩天大楼既可以用作工作场所，也可以作为数千人在同一屋檐下的家。

无尽的天空

在希腊神话中，离太阳太近从来都不是什么好事儿。而现代修建的摩天大楼往往拔地而起、高耸入云，因此人们也很容易忽视下面世界发生的变化。

高层耸入云

当你在大城市漫步时，你可能会不时感到脖子酸痛（因为经常要仰着头看）。从高处望下去，世界就像镜子里反射的影像，而且它还一直在变高。人们为什么要建造高楼呢？有很多不同的理由，比如祭祀他们的神，纪念他们的国王和王后，甚至是为了监视他们的敌人。

但话说回来，这里的风景确实很不错，鸟类可是一直都知道这点的。

观景的鸟巢

高楼林立的城市里不仅仅有人类居住。众所周知，游隼会在摩天大楼的高处筑巢，远远地观察着下面劳作的人。鸽子们也非常喜欢城市的生活——是谁说天下没有免费的午餐？

陵墓和寺庙

我们死后会发生什么呢？在高处真有需要我们为他们保持幸福的人吗？自古以来人们就一直在问这些问题。人们认为建造那些具有纪念意义的建筑可能有助于找到答案，所以从很早之前，就一直坚定地建造着一座比一座高的建筑。

巨石阵
约建于前2300年

用石头建造

一些早期的建筑是由石头堆砌起来的，比如巨石阵、石冢、堆石标等。它们可能被用来埋葬重要的人物、祭祀和祈祷，或者标记夜空中的星星。

安斯坦分穴石冢
约建于前3400年

经久耐用

胡夫金字塔是法老胡夫为自己建造的陵墓。在其建成后的约3000年间，它曾一直都是地球上最高的人造建筑。胡夫金字塔原来大约有50多层楼高（146.5米），因年久风化，现高度已减小。

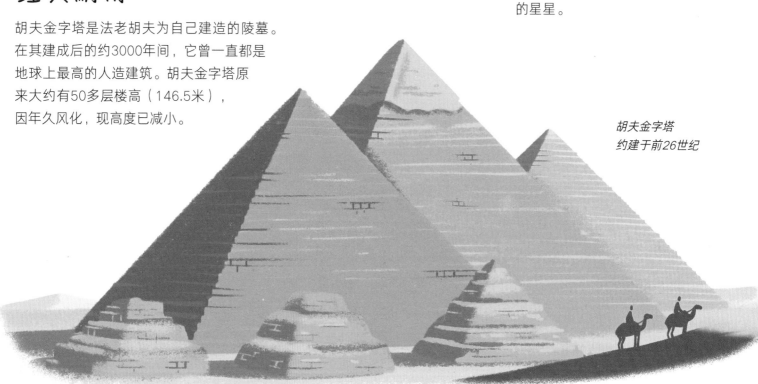

胡夫金字塔
约建于前26世纪

桑奇大塔
约建于前3世纪

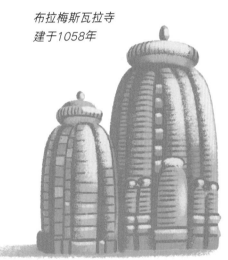

萨迈拉大清真寺
建于848年—852年

布拉梅斯瓦拉寺
建于1058年

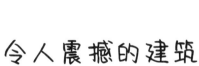

瑞光塔
始建于247年，
北宋宣和年间
重修

沙特尔教堂
始建于1145年

令人震撼的建筑

随着技术的进步，建筑师们的雄心也在增长。依托于各种古老的文化，人们建造出了螺旋形的寺庙、木制的宝塔和结构复杂的大教堂等，并期望这些建筑从远处看上去脱颖而出——其中有许多直到今天依然十分引人注目。

流传千古

我们倾向于纪念和铭记那些做出了惊天伟业的文化或文明，像是城墙、金字塔、骑士纪念碑等等，但是，除了人类在这个星球上创造的"伤疤"外，也许我们还应该把视野转向那些传诵至今的歌谣和故事。

保持警惕

在过去的朝代，要观察和留心敌人的动向，就得建造高高的城墙和瞭望塔。中国的长城蜿蜒曲折，穿过了干旱的沙漠，也越过了高耸的山峰。这座巨大的建筑主要是用来抵御北方入侵者的。

烽火传信

对于长城沿线的紧急信息，当时的传送速度可能不够快。当发现入侵者时，如果是白天，士兵们会制造出烟雾信号，如果是晚上，就会点燃熊熊的烽火，甚至还有能够显示危险程度的暗号——一处烽火和一声炮响可能意味着"派一百人过来"，多处烽火则意味着"把你能找到的所有人都叫起来"。

小食材，大用途

你是不是也喜欢玩弄食材，觉得它们很有趣呢？长城大部分的主体结构是用糯米砂浆粘在一起的。这种糯米砂浆由熟石灰、糯米浆和一些沙石混合而成，它的牢固程度令人惊讶，几个世纪以来，长城抵御了军队，也扛过了地震，不过糯米砂浆可不建议当饭吃。

回归大自然

自然界似乎不太在意边界这回事儿。在高高的山上，部分长城已经坍塌，金雕高高飞过，而树木在士兵们曾经站岗的地方慢慢生长——也许现在换它们来守护着我们了。

越来越高

一百年前，超过300米的建筑就属于异想天开了。而在我们如今生活的世纪里，这个高度增加了一倍多，巍然矗立在高空中的哈利法塔就足有828米。

这些巨无霸建造起来需要大量的资源，也许是时候想一想，多高才算够高了？

钢铁的崛起

你用石头或砖只能建造起有限的高度，而且建得越高，墙就要越厚。在19世纪末，创性的使用改变了这一切，使得工程师能够建造超高超层摩天大楼，这些大楼至今仍在塑造着城市的高空轮廓线。

找到立足点

摩天大楼都会随风摇摆，但会通过深深的地基锚固在基岩上。想一想，如果地面是由沙子和贝壳组成的呢？那就试着像哈利法塔一样穿上巨型混凝土人字拖（哈利法塔的混凝土伐板远远看上去像是人字拖形），让摩擦力来解决剩下的问题。

竞相争最高

竞争会让人们做出奇怪的事情。20世纪30年代，克莱斯勒大厦、帝国大厦和华尔街40号的特朗普大楼的设计者们陷入了高度之争，每个人都尽可能地在他们设计的建筑上增加了许多楼层，希望其能成为最高的建筑。最后，帝国大厦赢了，并在40多年的时间里保持着世界最高建筑的地位。

哈利法塔
828米高

台北101大楼
508米高

佩重纳斯双子塔
452米高

吉达塔
（正在建造中）
设计高度为1000多米

帝国大厦
443米高

埃菲尔铁塔
现在330米高

克莱斯勒大厦
319米高

史前飞行员

第一批会飞的脊椎动物是翼龙。这些巨型爬行动物在2亿多年前的侏罗纪出现，与恐龙生活在一起。它们的翅膀上没有羽毛，而是由伸展在体侧和很长的前肢第四指间的薄膜构成的。

上方的危险

想象一下，一个毛茸茸的飞行员，有着巨大的喙、长颈鹿般的脖子和小型飞机一样的翼展。风神翼龙是我们目前所知道的，在地球上飞行过的最大的生物，但不要被它毛茸茸的外表欺骗了，它可是会一口吃了你的。

高空飞行家

当你能飞的时候为什么还要走路？在过去的4亿年里，很多生物一直以这样或那样的形式飞上天空。这是一种长距离移动或寻找远处食物的便捷方式，但这也是一项艰苦的工作，成功掌握这一技能的动物已经练习了很长时间。

你起得来吗？

当你真的很庞大的时候，对于飞行来说，最困难的问题可能是首先要离开地面。翼龙行走时会把翅膀折叠起来，像蝙蝠一样，所以古生物学家认为它们可能用四肢起跳，跃入空中，然后进行飞翔。

鸟类的祖先

这可是真事儿，你家前面的花园里真的存在着恐龙的后代。我们今天看到的鸟类是从某些兽脚类恐龙进化而来的，它们与霸王龙来自同一谱系。

振翅来飞翔

飞行是很需要技巧的，所以拥有合适的翅膀对这项运动来说很重要。如果你住在森林里，需要在树间穿梭，你就会想要短而圆的翅膀——这非常适合快速转弯。如果你想来一次长途旅行，你就需要长而薄的翅膀，以便在海风中滑翔。如果你更喜欢悬停，那你根本不需要多长的翅膀，但是要准备好尽可能快速地扇动它们，越快越好。

速度的要求

长而尖的翅膀是为速度而生的。家燕和雨燕能凭借翅膀迁徙很远的距离，而游隼可以极快的速度向猎物俯冲。这种翅膀对猎鹰和隼之类的猛禽来说很方便，但在下面的老鼠可就没那么幸运了。

准备起飞

像知更鸟和麻雀这样的小型鸟类长着椭圆形的翅膀，这使得它们可以在躲避捕食者时快速起飞。虽然它们不能长时间保持这种速度，但它们可以表演一些令人印象深刻的空中杂技。

欧亚喜鹊

北美红雀

蓝矶鸫

金翅雀

游隼

绿头鸭

蜂鸟

白腰雨燕

家燕

在那里盘旋

蜂鸟又小又轻，它们可以通过快速拍打小小的翅膀来悬停。这需要消耗大量的能量，但同时也意味着它们可以向上、向下、向侧面，甚至向身后等各个方向寻找美味的虫子和花蜜。

需要借力吗？

热空气向上升，这对想要"搭便车"借助外力飞向高空的鸟儿来说很有用。鹰和隼常将宽大而有窄缝的翅膀架在垂直方向的热气流上，这有助于它们在空中盘旋，还可以更好地观察下面的猎物。

丽色军舰鸟

白头海雕

漂泊信天翁

红嘴鹲

粉红琵鹭

塘鹅

生而为翱翔

漂泊信天翁的翼展是现存鸟类中最长的，可达3.5米长。这也是很合理的——它们可以在海上生活好几年，用它们的长翅膀在强劲的海风中自由滑翔。

小型舞蹈家

第一批会飞的动物并不是史前爬行动物或者长着羽毛的鸟类，而是昆虫。化石证据告诉我们，大约4亿年前，长得像蜻蜓一样的无脊椎动物就已经飞上了天空——比那些脊椎动物的尝试要早得多。

有些昆虫的翅膀很小，但还有一些比你伸展开的手臂还要长。学习如何飞行让昆虫得以逃脱捕食者，跨越大陆，最终进化成为我们今天所知的数百万物种。

飞行俱乐部

昆虫是这个特殊动物俱乐部——它们利用自己的翅膀力量实现飞行——的第一批成员。此后只有翼龙、鸟类和蝙蝠加入。还有很多可以滑翔的家伙，但是它们可能需要风力的更多帮助。

小红蛱蝶

帝王伟蜓

豆娘

彗尾蛾

孔雀蛱蝶

姬蜂

胡蜂

瓢虫

蜉蝣

蜜蜂

蝉

六星虎甲

锹甲

常飞的旅客

体形小不代表走不远。小红蛱蝶可以从欧洲一路迁徙到非洲，途中还会穿越撒哈拉沙漠。它们只能活几个星期，所以最后完成旅程的实际上是它们的曾曾曾曾孙辈，到达后只是为了繁殖后代，并再次开始回家的跋涉之旅。

双翅或四翼？

每种昆虫都有自己的风格。大多数像蝴蝶和飞蛾一样，有两对翅膀，但是苍蝇们，就是那些在你厨房里嗡嗡叫的家伙，它们只长着一对翅膀。许多甲虫把它们的翅膀藏在一个保护壳下——在空中的时候可能看上去有点儿笨拙，但它们也可以飞得很好。

枯叶大刀螳

飞行的模式

当太阳落到地平线以下时，如果你站在合适的位置，可能会看到一片"乌云"在空中盘旋。它并不是由气体和蒸汽构成的，这些是鸟儿——里面是正要栖息的椋鸟。

这种现象被称为"椋鸟群飞（murmuration）"，英文里有"低语"之意，这个名字来源于成千上万只小翅膀同时扇动时发出的喃喃声。

成群又结伴

椋鸟群飞现象中并没有什么领头鸟，那么它们是怎么知道自己要去哪里呢？每只鸟都不可能看到整个鸟群，所以有些科学家认为，它们只需要留意周围的7只鸟儿，就能知道下一步行动了。

节能的办法

长途飞行的旅程是艰苦的。像飞鸭和大雁这样的候鸟经常以"人"字形飞行，从而减小风的阻力，以节省体力。它们会轮流飞在最前面，这样就可以将卖力的负担分摊开。

安全的数量

我们目前还不知道椋鸟为什么会聚集在一起出现椋鸟群飞的现象，这很可能是为了躲避捕食者。对于一只饥饿的猎鹰来说，追逐一群不停旋转着的鸟群要比捕捉一个独自飞行的家伙困难得多。

大自然的启发

发明家总是从自然界中汲取灵感，尤其是达·芬奇。
他非常详细地研究了鸟类和蝙蝠，以了解它们是如何
飞行的，他希望设计出一种能将人送上天空的机器。
虽然他没能活到亲眼见到人类飞行的年代，但他的
设计鼓舞了无数人向自然学习和借鉴，最终
造出了我们今天广泛使用的飞机。

如果你不能扇动它们

达·芬奇画了一个扑翼机（可以像鸟一样扇动
翅膀的飞行器）的设计图。它由丝绸和木头制
成，扑翼由飞行员来驱动。这在理论上是一个
伟大的想法，但不幸的是，人类没有足够的臂
力支撑自己在高空中飞行。

红鸢

羽毛

鸟类头骨

轻如鸿毛

鸟类已经进化成为十分优秀的飞行家。
下巴和牙齿很重？把它换成喙。需要光
滑、轻盈的隔热材料？用羽毛试试。许
多鸟类甚至长着中空的骨头来储存额外
的氧气，以备最需要的时候使用。

枫树种子

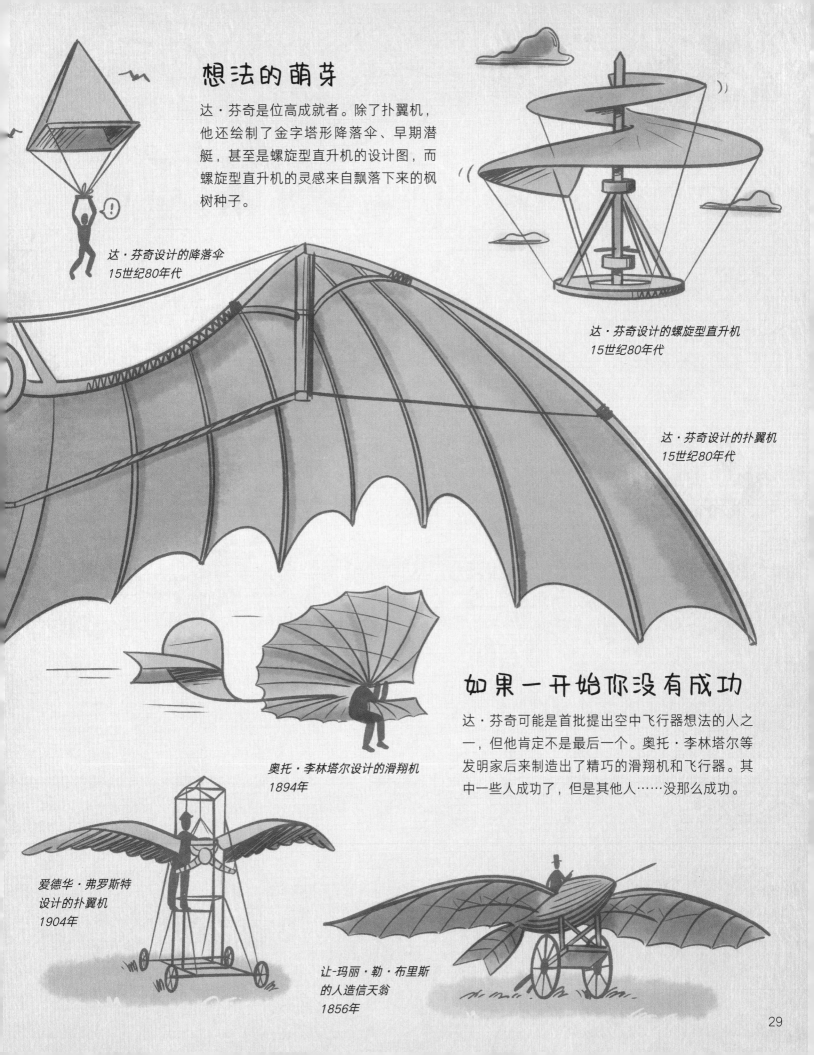

想法的萌芽

达·芬奇是位高成就者。除了扑翼机，他还绘制了金字塔形降落伞、早期潜艇，甚至是螺旋型直升机的设计图，而螺旋型直升机的灵感来自飘落下来的枫树种子。

达·芬奇设计的降落伞
15世纪80年代

达·芬奇设计的螺旋型直升机
15世纪80年代

达·芬奇设计的扑翼机
15世纪80年代

如果一开始你没有成功

达·芬奇可能是首批提出空中飞行器想法的人之一，但他肯定不是最后一个。奥托·李林塔尔等发明家后来制造出了精巧的滑翔机和飞行器。其中一些人成功了，但是其他人……没那么成功。

奥托·李林塔尔设计的滑翔机
1894年

爱德华·弗罗斯特
设计的扑翼机
1904年

让-玛丽·勒·布里斯
的人造信天翁
1856年

飞行中的人类

当你在蹦床上高高跳起的时候，有那么几秒钟，你可能会觉得自己在飞翔，直到你落下来。对早期的飞行员来说，几秒钟是不够的，他们想尽可能长时间地待在空中——有纪录要开创，有战争要打赢，再后来，还有乘客要搭载。现在我们需要朝一个新的目标飞行，这可能是迄今为止最激动人心的一个。

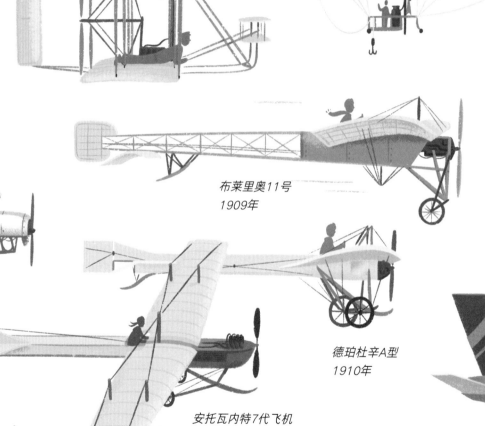

蒙特哥菲尔兄弟发明的热气球
1783年

吉法德飞艇
1852年

莱特飞行器
1903年

早期的飞行

想象一下你置身于第一批飞行器中——它们不是由木头或铝制成的，而是用纸和布料做的。蒙特哥菲尔兄弟于1783年启动了他们的浮空器——也就是热气球。然而，比空气轻是一回事，想要让更重的东西离开地面且飞得更高更远，还需要借助翅膀。

布莱里奥11号
1909年

布莱克本单翼飞机D型
1912年

德珀杜辛A型
1910年

安托瓦内特7代飞机
1909年

英国皇家飞机制造厂
S.E.5型
1916年

穿越黑暗

冲突与战争对航空业产生了巨大的影响。飞机最初在战争中用于侦查，但很快就被直接投入到战斗中了。这些飞行员中许多人失去了自己的生命，也有导致其他人丧生的，这也提醒人们，不能忽视那些在背后操纵机器的人所拥有的力量。

虎蛾式教练机
1931年

胜利和悲剧

在20世纪20年代和30年代，像贝西·科尔曼等了不起的飞行员会为下面欢呼的人们表演飞行特技，而同一时期，阿米莉亚·埃尔哈特正忙着在全球各地穿梭。这是一个有着巨大成功的时代，但也不是没有悲剧发生——不幸的是，这两名飞行员最后都死于飞机事故。

洛克希德10E伊莱克特拉型
1934年

派珀PA-18超级幼兽
1949年

柯蒂斯JN-4珍妮号
1916年

德哈维兰DH.88彗星号
1934年

道格拉斯DC-3
1936年

协和式飞机
1976年

现在请登机

早期的客运航班既昂贵又不舒适，但随着飞机变得更大、飞得更高，它成了相当诱人的出行工具。越来越多的航空公司相继出现，如今人们每天都有机会飞行，飞机已经永远改变了我们的旅行方式。

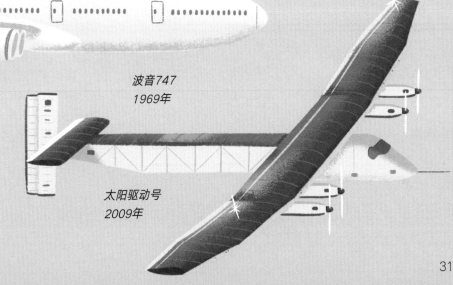

波音747
1969年

飞行的未来

我们不能一直像现在这样飞行下去了。航空煤油的燃烧会向大气中释放二氧化碳，导致气候变化。幸运的是，我们一直在研究替代性方案。像"太阳驱动2号"这样的新型飞机，已经可以只凭借太阳能环绕地球飞行了。

太阳驱动号
2009年

世界屋脊

世界上的十大高峰，多数都在喜马拉雅山脉。珠穆朗玛峰的海拔为8848.86米，干城章嘉峰、洛子峰和马卡鲁峰就在它周围不远处。

俯瞰万物

1953年，丹增·诺盖和埃德蒙·希拉里登顶珠穆朗玛峰，这也是人类首次登上珠穆朗玛峰山顶。从那时起，成千上万的人先后站在了它的顶峰，但不幸的是，还有许多人在尝试登顶的过程中丢掉了性命。

神圣的顶峰

山是神圣的地方。萨加玛塔峰、珠穆朗玛峰和朱母朗玛阿林是同一座山峰的名字，但对一些人来说，她是值得尊敬的女神，而对另一些人来说，她是需要被征服的"勋章"。

高高的山峰

把一张揉得皱巴巴的白纸打开，就像是把喜马拉雅山捧在手中一样。深深的山谷连着一处处高耸入云的峭壁，中间矗立着最高的山峰——珠穆朗玛峰。这座令人难以置信的山脉形成于数百万年前，当时两个大陆板块发生了碰撞，从那以后，它们就一直慢慢地向彼此靠拢。

山上的生命

在如此高的山上生存是很艰难的，但并不是说这里什么都没有。喜马拉雅山的塔尔羊和白腹麝在被森林覆盖的山麓吃草，而雪豹在高处的岩石峭壁上逡巡，人们甚至还在山坡的高处看见过小蜘蛛。

还在长高中

山其实是不能长个子的，对吧？但碰撞形成喜马拉雅山的大陆板块还在活动，所以珠穆朗玛峰正在慢慢变高。它每年只长5毫米左右，它增高的速度可能还不及你鞋码变大的速度呢。

合适的高度

喜马拉雅山是各种生物的家园。从绿草如茵的平原到犬牙交错的悬崖峭壁，生活在这里的动物们都适应了在极端条件下生存。有些动物可能很害羞，更喜欢融入地面的环境中，另一些则是自信而大方的——它们身上金色和蓝色的条纹在白雪皑皑的天际映衬下，显得格外明亮而耀眼。

小熊猫

瞧我的好皮毛

对于在海拔很高的地方生活的哺乳动物来说，一身好皮毛是必需的。喜马拉雅旱獭有着浓密的、羊毛般的毛发，非常适合在漫长的冬眠期间保持舒适。小熊猫的毛发分为两层——厚而软的内层绒毛和浓密的外层毛发，它们甚至可以用尾巴裹住自己来获得一点点额外的温暖。

喜马拉雅旱獭

喜山蝮

发现不同点

如果你正在四处寻找一只雪豹，很可能它们早已盯着你看了——藏身在高处的山脉里。这些孤独的猎人可是保持隐蔽的专家，它们也被称为"鬼猫"或者"幽灵猫"。但即使像雪豹这样的"幽灵"，也面临着栖息地丧失和被偷猎的威胁。

雪豹

最高处的喙

喜马拉雅山上有个鸟儿的聚会。黄嘴山鸦在高空盘旋，一对黑颈鹤在下面的高原上翩翩起舞，但是说到华丽的"服饰"，没有谁的羽毛能像棕尾虹雉那样鲜艳美丽。

黄嘴山鸦

棕尾虹雉

喜马拉雅跳蛛

在高处也能跳跃

喜马拉雅跳蛛生活在珠穆朗玛峰的山坡上。它在海拔高达6700米的地方被发现，其拉丁学名（Euophrys omnisuperstes）翻译过来意思就是"站在万物之上"。这里没有太多可以吃的东西，所以这些小跳蛛主要以风吹到山上的昆虫为食。

黑颈鹤

喜马拉雅塔尔羊

感知危险

夜幕降临，白腹麝静静地寻找着树叶和苔藓。这些害羞的森林居民依靠它们出色的听觉和嗅觉来感知危险。可悲的是，它们现在濒临灭绝——因为它们身上的气味腺可以用来制造香水，所以被不断地猎杀。

白腹麝

山峰上的家

祝贺你！现在你终于爬上了高高的喜马拉雅山。即使你已经站在几千米高的地方，你也仍然身处世界最高峰的阴影下。蜿蜒的道路和吊桥连接着依山而建的梯田村庄。汽车在这里没什么用处，但你可以穿双结实的徒步鞋，并找一头牦牛。

牦牛也有大用途

如果你在这里听到一阵清脆的铃铛声，那可能是一群牦牛正在经过。几个世纪以来，这些浑身是毛的家伙一直帮忙搬运重物穿越喜马拉雅山。它们的奶被用作食物，毛发被用于编织衣物，粪便被用作燃料。

攀登也能赚钱

夏尔巴人常年生活在高山上，主要分布在尼泊尔。传统的夏尔巴人是农民，可当游客意识到在没有专业向导的帮助下他们无法登顶时，部分夏尔巴人成了卓越的登山者。比起种土豆，攀登能赚到更多的钱，但也要付出相应的代价。

变化的山区

山区的生活正在发生变化。虽然游牧的牦牛牧人过去在喜马拉雅山很常见，但现在年轻的一代选择了不同的生活方式或者直接搬到了大城市居住。不过无论你走得有多远，你在哪里，家就在哪里。

危险的梦想

如果你曾经爬过树，可能就会理解站在世界之巅的感觉。而只爬上树，有些人并不满足，他们会继续向山峰前进，只有站在最高的峰顶才会停下。登山者都是意志坚定的人，但在高处，事情可能会出问题，要时刻记住在什么时候应该下山，这非常重要。

登顶的热潮

在超市排队可能很烦人，但是在这里排队可能会要命。一年中只有几周的时间可以尝试攀登珠穆朗玛峰，那时天气刚好合适，但这也可能会导致漫长而寒冷的等待——人们也需要为了登顶而排队。

晒成古铜色？

登山者不仅要准备好应对严寒，还要准备好应对冰层反射的强烈阳光。眼睛的保护是必须的——但是遮阳伞就不必了。

攀岩护目镜

绳子

老式的氧气瓶

安全钩

冰斧

冰螺丝

垃圾堆成山

珠穆朗玛峰的山坡上四处散落着塑料、旧绳子和空掉的氧气瓶。令人欣慰的是，新的法律已经颁布，意味着这座山上的垃圾正在被慢慢清理掉。

稀薄的空气

你爬得越高，空气就越稀薄。大多数登山者使用瓶装氧气来帮助他们到达珠穆朗玛顶峰，这意味着他们需要携带氧气一路向上到山顶，并且留下足够的氧气供下山时使用。

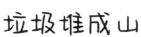

垃圾

外大气层

离地面500千米以上

外大气层也叫作"逃逸层"或"外逸层"，这里的
空气极其稀薄，一些速度较大的中性粒子还可逃脱
地球的引力，逸入浩瀚的太空中。再见啦，地球。

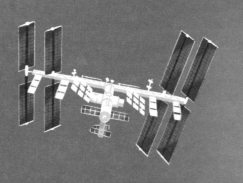

热层

**高达250千米（太阳宁静期）
或500千米（太阳活动期）**

热层吸收了太阳的大部分X射线和紫外
线辐射，所以这里温度较高，并且随着
高度增加而递增。这里是一个很拥挤的
地方，卫星和太空望远镜围绕着地球运
行，而且这里只会越来越拥挤。

卡门线

中间层

高达85千米

如果你把大气层想象成海洋，中间层就是一切开始
变得不稳定、不平静的地方。强风和重力波在这个
冰冷的气层周围涌动，这里会出现强烈的对流运
动，但由于空气稀薄，空气的对流运动不能和对流
层的相比。大多数流星在飞往地球的途中，也是在
中间层燃烧殆尽。

臭氧层

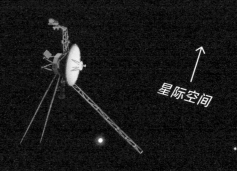

星际空间

高处的天空

太空里很冷，所以地球需要穿几件"套头毛衣"，准确地来说是五件。但与你平时见到的针织衣服不同，这些毛衣——大气层可以吸收辐射，焚烧流星，还能防止我们宝贵的空气被吸入太空，所以我们一定要保护好它们。

对流层

大气层底部

如果你被雨淋了，你可以责怪对流层。这个稠密潮湿的气层充满了流动的空气和水蒸气，形成了云和各种气象。对流层的厚度因纬度不同而不同，在赤道地区为17 ~ 18千米，在中纬度地区为12千米，在两极为8千米。

平流层

高达50千米

在平流层，越往上，温度越高。在这里你可以找到臭氧层，它可以吸收太阳辐射，是一个类似防晒霜的屏障。民用飞机和一些鸟会飞到这一层来享受一段平稳而舒适的飞行。

留心观察云

如果你喜欢花很多时间观察天空中的云，你可以考虑当一名气象学家，也就是专门研究天气的人。这些科学家一直在观察细小的卷云、菜花状的积云或看起来不是什么好兆头的积雨云等。

卷层云

雨层云

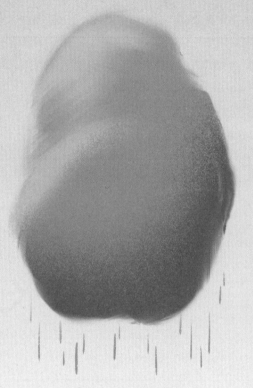

了解下云

根据它们的大小、形状和在大气中的位置，可以给云分类和命名。层云在很低的地方，高积云在中层，卷云飘得很高。积雨云充满了水蒸气，很可能会毁了一场野餐。

高积云

高层云

积云

为云感到骄傲

云不仅仅是地球上才有的东西。金星制造出了黄色的硫酸云，木星正在酝酿一场旋转的氨风暴，火星上有闪闪发光的冰块组成的彩虹云。

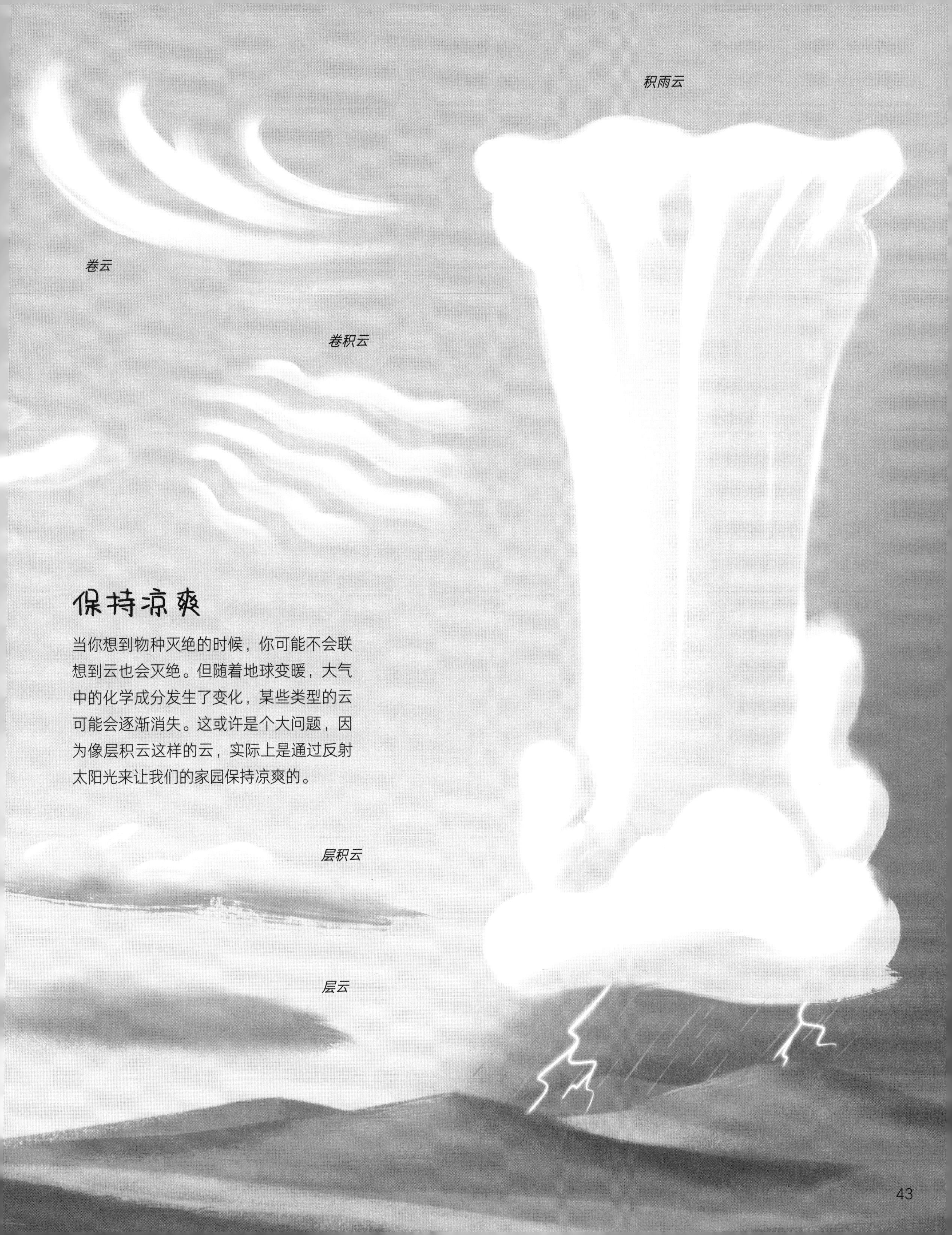

积雨云

卷云

卷积云

保持凉爽

当你想到物种灭绝的时候，你可能不会联想到云也会灭绝。但随着地球变暖，大气中的化学成分发生了变化，某些类型的云可能会逐渐消失。这或许是个大问题，因为像层积云这样的云，实际上是通过反射太阳光来让我们的家园保持凉爽的。

层积云

层云

积雨云

高处的风险

我们头顶上方的大气是氮气、氧气和少量其他气体的混合物。这是让生命在我们这个小小的星球茁壮成长的诀窍。

只是这种混合物的成分正在迅速改变。我们燃烧的化石燃料使空气中充满了二氧化碳和其他气体——它们可以吸收热量，让我们的家园变暖。幸好我们还有机会避免最坏的影响，但留给我们的时间已经不多了。

深埋的燃料

三亿年前，植物空前繁盛，形成大规模的森林和沼泽。植物死后会分解，慢慢变成泥炭，然后变成煤、石油和天然气等化石燃料。所有这些能源并没有丢失，而是被埋藏在地下深处，直到人们意识到它们可以被挖掘出来燃烧以提供能量。

谈论一场革命

在18世纪，如果你需要一把新椅子，你得去找一个会制造椅子的人，然后你就会拥有一把精美的手工打造的椅子。后来人们有了一个巧妙的想法——如果有一个工厂，可以快速大量地生产椅子，会如何呢？你还可以在工厂里制造蒸汽机、飞机以及钢制汽车。这就是工业革命和我们对化石燃料产生依赖的开始。

未来的蓝天

气候快速变暖是件可怕的事，但要记住，每当人类面临巨大的挑战时，我们都会一起努力克服它。我们现在已经拥有利用风能和太阳能的技术了，也拥有确保每个生活在地球上的人都得到公平对待的同理之心。

上升的风险

如果根据不断上升的二氧化碳排放量画一条曲线，它会比这本书里的山更加陡峭。随着全球人口的增加，我们对化石燃料的依赖也在增加，但为了限制气候变化，我们需要大幅减少化石燃料的燃烧。幸运的是，跟爬山不同，什么时候到达顶峰以及什么时候开始下山，都取决于我们自己。

从这里往下看

如果你搭乘某种航天器进入太空（也许有一天你真的会呢），你可以回头看看地球。你会看到广阔的海洋、变幻的云朵和白雪皑皑的山脉。随着夜幕笼罩整个大地，你可以看着我们的城市逐渐被灯光点亮，看看我们只占了多小的一部分。

所有这些都被包裹在像薄毯一样的大气层中。我们已经在它的上面戳了些破洞，如果我们继续这样做，它可能会永远消失。大气层是我们有钱也无法买到的，但是如果我们能小心地照顾好它，可能也就不需要担心从哪里再找一个。

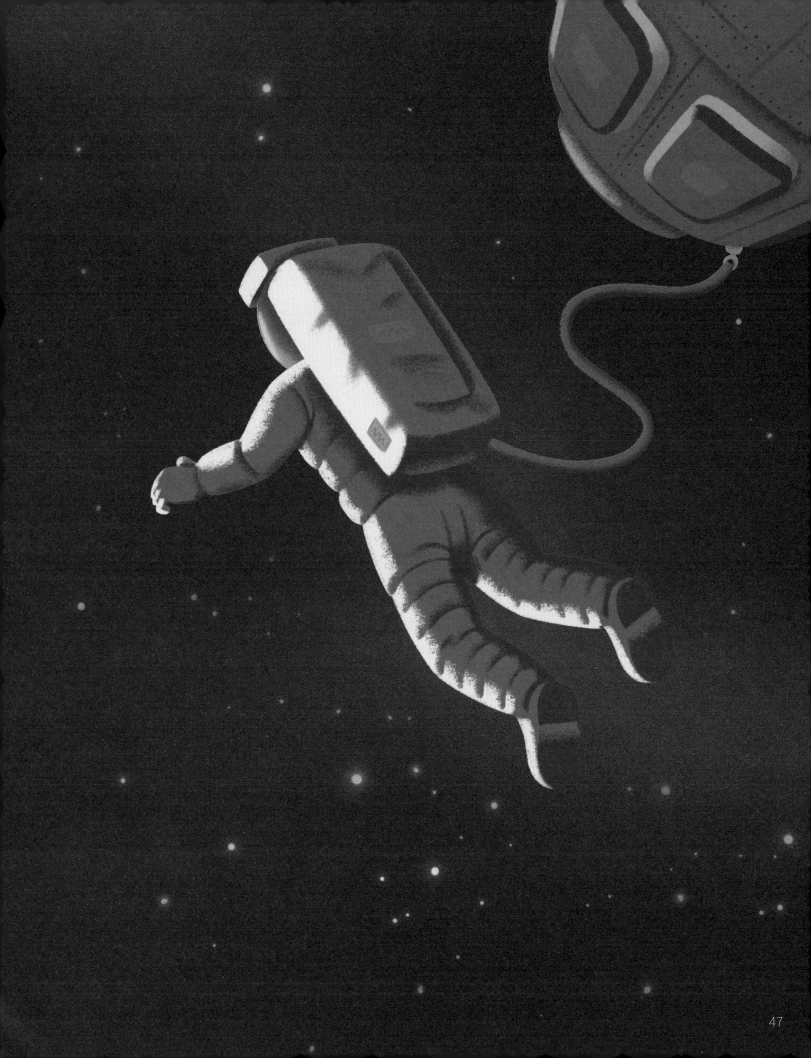

世界树

在北欧神话中，巨大的世界树"尤克特拉希尔"生长在宇宙的中心。它的根和分支连接着九个世界，其中包括了阿斯加德（众神所在的领域）和米德加尔特（人类居住的世界）。

瓦尔哈拉殿堂之旅

维京人相信在战斗中牺牲的勇士会前往瓦尔哈拉殿堂——一个坐落在天堂的殿堂。它由死亡之神奥丁统治，在那里他们会举行盛宴，直到世界末日来临，再次准备战斗。

"着火"的天空

北极光，也叫"极光"，已经被记载进了许多文明的故事和传说中。有的人认为这是跳舞的灵魂，还有的人则认为这是即将到来的苦难的警示和预兆。在芬兰神话中，这些光芒被认为是火狐在雪地上奔跑时尾巴摩擦雪地而迸发出的火光。

高处的神话

当你抬头看向夜空，你就会与几千年前的人们分享到同一美景。他们也和我们今天一样，观察着耀眼的恒星和划过天际的彗星。虽然我们现在能够用科学知识来理解这一切，但古老的文化往往用神话来解释它们。

天空之神

在古代，人类生存是很艰难的——干旱、瘟疫，甚至是忘记买牛奶，而有些人把每一个问题都视为神灵的旨意。在每一种文化中，人们都有自己信仰的神灵。

又高又神圣

太阳是生命的源泉，许多与太阳相关的古代天神也是如此。相传，埃及的太阳神"拉"乘着他的金色帆船（也叫"神仙船"或者"太阳船"）穿越天空，给世界送来光明。

天照大神
日本太阳女神

阿林尼蒂
赫梯太阳女神

拉
埃及太阳神

阿波罗
希腊太阳神

生活中的神

古代的神灵仍然与我们如今的日常生活息息相关。在英语中，大多数的工作日都是以北欧诸神的名字命名的，比如，星期四（Thursday）就来自北欧神话中的雷神索尔（Thor）。与我们共处太阳系的行星也是根据希腊和罗马神话中的众神来命名的。

掌管星星的神

月亮通常与变化和新生活等寓意联系在一起。这是因为月亮或圆或缺，甚至完全消失不见，然后重现，如此循环往复。

阿耳忒弥斯
希腊月亮女神

神灵双胞胎

很多神灵都是双胞胎。古埃及人信奉盖布为大地之神，信奉他的妹妹努特为天空女神。在希腊神话中，阿耳忒弥斯与月亮联系在一起，而她的孪生兄弟阿波罗则是太阳神。

柯约莎克
阿兹特克月亮女神

南纳
美索不达米亚月神

诺特
北欧夜晚女神

战车在等候

如果要穿越广阔的天空，交通工具是很有必要的。印度月神钱德拉（又叫"旃陀罗"或"苏摩"）驾驶着羚羊拉的战车驰过夜空，而北欧神话中的夜晚女神诺特则骑着她的黑马赫利姆法克西（也叫"霜之马"）穿越漆黑的夜晚。

钱德拉
印度月神

星星的故事

我们头顶上的世界是一个十分拥挤的地方。一头巨大的熊守护着它的幼崽，一只鹰在银河中自由翱翔，长着翅膀的飞马在宇宙中慢跑……人类从开始仰望星空的时候，就发现了星星们组成的形状，你也可以试一试。

天鹰座

大熊座

用星星导航

如果你知道一颗星星会出现在天空中某个确定的位置，你就可以借助它来找到回家的路。几个世纪以来，水手们一直借助星星来导航，直到今天，他们也还会这样做。

飞马座

相同的星星，不同的形状

不同的人在夜空中看到的星座形状是不一样的。天蝎座对一些人来说看起来像蝎子，而对另一些人来说可能看上去更像蛇。但是，尽管有些人距离非常遥远，也还是会提出相似的观点，比如猎户座经常被看成是勇士，就连住在地球另一边的人们也会这样认为。

天蝎座

天空中的鸸鹋

暗黑的星座

当西方的人们观察着星星组成的形状时，澳大利亚的原住民却根据星河中的黑暗区域辨识着星座，比如天空中的鸸鹋（澳大利亚土著星座），它就像在银河的乌云中伸展着身子。

天龙座

天空中的龙

天兔座

相传有四种神秘的灵兽守卫着古代中国的天空。东边是青龙，西边是白虎，南边是朱雀，北边是玄武，它们代表着不同的季节，也代表着东、西、南、北四大区星象，而每一区星象都由许多较小的星宿组成。

猎户座

天际线

天空是个交通繁忙的地方。人类和动物飞行家们不断地在上空穿梭着，
或是为了打破纪录，或是为了穿越海洋迁徙，他们都会从高空观察着我们的世界。

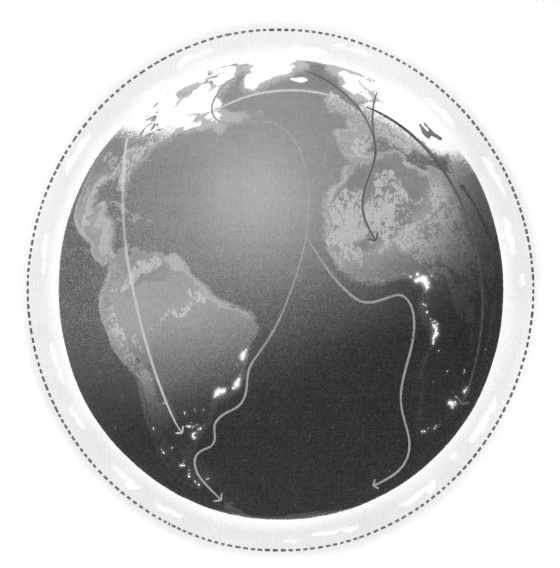

阿米莉亚·埃尔哈特（1932年）

单人不间断飞越大西洋

北极燕鸥迁徙

往返40000多千米

小红蛱蝶迁徙

往返约14000千米

国际空间站

每90分钟绕地球一周

家燕迁徙

往返约20000千米

斯温氏鵟（kuáng）迁徙

往返约20000千米

飞行的规则

那些掌握了飞行技术的家伙们其实已经练习了很长时间。
仔细观察下它们的羽毛，想想在云间翱翔还需要怎么做呢。

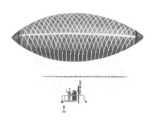

上升

如果你比空气轻，你就会升上去，然而我们人类不是这样的。这时，热空气、氢气和氦气等气体就派上用场了，它们都比空气轻。

装上翅膀

如果说有什么配件利于飞行，那一定是翅膀。这些花哨的扇动翼可以是帆布的，也可以是羽毛的……翅膀长而尖代表了速度，短而弯则代表了优雅。只能装一对吗？不，可以试试四只，甚至更多。

尺寸很重要

对于飞行来说，体形小是个很大的优势。那重力不至于让你下降，如果你足够快地拍打翅膀，你还可能会实现悬停。这就是为什么数以万亿计的小昆虫都可以飞向天空，而大象却不行。

必须要有推力

向上升当然很好，但如果你想前进的话，就需要推力。你可以启动你的引擎，拍打你的翅膀，或者开始一段助跑，然后跳向空中。如果想减速，可以倾斜你的翅膀，但这可能有点儿拖沓。

找到你的伙伴

比起独自飞行，和伙伴们一起飞行还要有趣。喊上伙伴们，开始练习飞行的队形。集体行动有时还更有优势，如果把握好时机，就可以在天空中留下美丽的身影。

对鸟儿好一点

毕竟，它们的祖先可是来自恐龙家族。

词汇表

阿兹特克：墨西哥印第安人建立的国家，16世纪初被西班牙殖民者征服后逐渐衰落、灭亡。

安斯坦分穴石冢：原文为Unstan Chambered Cairn，此处根据音译法而取名。这是英国苏格兰的一处公共墓穴，内有隔间，建于新石器时代。

堆石标：以石堆标示山顶或某人埋葬的地点等。

筏板：指基础工程中的混凝土板，板下是地基，板上面有柱、墙等。

钢梁：用钢材制造的梁。

工业革命：指从手工生产过渡到机器生产，从资本主义工场手工业过渡到资本主义工厂制度的生产技术革命。

基岩：陆地表面疏松物质（土壤和底土）底下的坚硬岩层。

脊椎动物：长有脊椎的生物，例如哺乳动物或爬行动物。

美索不达米亚：古希腊对两河流域的称谓，意为两河之间的土地，两河指的是幼发拉底河与底格里斯河。

深度感知能力：指从三个维度（长度、宽度和深度）观察事物并准确判断物体距离多远的能力。

树栖动物：以攀附和依靠树木为主要方式生活的动物。

斯温氏鵟：一种大型的猛禽，形似鹰，主要栖息在北美洲西部的大草原及干旱草原，每年都会从繁殖地迁徙至南美洲潘帕斯草原。

无脊椎动物：没有脊椎的动物，例如昆虫、蜘蛛或蚯蚓。

喜马拉雅山：世界上最雄伟高大的山脉。

叶绿素：一种绿色的光合色素，常见于植物体内，负责吸收光，从而为生长提供能量，这个过程叫作"光合作用"。

针叶林：以松柏类针叶树为主的森林群落。

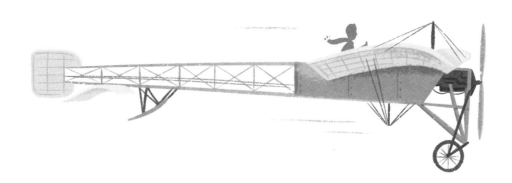

索引